Kern und Uebersicht

der

Taschenbücher

für

die vaterländische Geschichte,

herausgegeben

von

Joseph Freiherrn von Hormayr.

1845.

Druck von G. Reimer in Berlin.

Dieser Taschenbücher für die Vaterlandsgeschichte Kern und Uebersicht.

Wenn in den bewegten Reihen der Männer des Staats und des Krieges (vielleicht zu oft) die Anciennetät den Vorzug giebt, Gunst und Vertrauen verleiht, so mag dieses historische Taschenbuch gleichen Lohn mit einiger Zuversicht für Sich ansprechen? — Vorsatz und Plan wurden unter dem, das heimathliche Hochgebirge Tyrols erschütternden Waffengetümmel (1799—1800) von dem, noch sehr jungen, von der kaum verlassenen Hochschule der Vaterstadt Innsbruck, zugleich in Civil- und Landwehrdienste übergetretenen Herausgeber erfaßt. Sie wurden nach der Wiederkehr des Friedens 1801 als Handschrift nach Wien mitgenommen und bei einem von Nationalstolz durch und durch erfüllten Oberinnthaler, dem Buchhändler Anton Gaßler aus Telfs, im Juni 1802, vor drei und vierzig Jahren ans Licht gefördert, nicht mehr so ferne von der Dauer eines vollen halben Jahrhunderts, welche übrigens seine, im August 1794 begonnene Schriftstellerlaufbahn bereits erfüllt hat.

Der erste und nächste Kreis, in dem diese Sammlung, diese Arbeiten sich bewegten, war das seit 1796, seit der großartigen Erscheinung des Bonapartischen Gestirns; „cui laurus aeternos honores, italico peperit triumpho" nach fast hundertjähriger, wenig unterbrochener Ruhe und in sich beschlossener Stille plötzlich wieder, voll Selbstgefühl und tapferer Treue unter die Nationen tretende Tyrol. — „Je n'ai pas l'esprit desapprobateur" sprach der unvergeßliche, in den Tyrolerbergen fast eben so als in den Schweizerischen eingebürgerte Johannes Müller. Darum führte er auch die 1802—1805 erschienenen Tyroler Almanache gar zu freundlich und zu nachsichtsvoll in seiner historischen Kritik, in der Jenaer allgemeinen Literatur-Zeitung gleich nach den trefflichen Leistungen Pfisters und Cleß über Schwaben, in die Gelehrtenrepublik ein. Er sagt: — „Der Herausgeber dieser Almanache ist der Freyherr Joseph von Hormayr, dessen Gelehrsamkeit wir aus seinen Beiträgen zu der tyrolischen Geschichte kennen, der aber auch in dem Landsturm die Waffen und als Hoffecretair bei der Staatscanzlei in Wien für andere Sachen die Feder mit gleichem Geschick und Eifer geführt hat, ein der größten Auszeichnung und Ermunterung würdiger, noch junger Mann."

„Der Hauptzweck dieses Almanachs ist Unterhaltung des Gemeingeistes in einem dafür bekannten Lande, daß es die eigentlichste Vormauer Oesterreichs sei. — Zu dem Ende wird bald aus den ältesten Zeiten beigebracht, was die Entstehung und Natur der Verfassung erläutern, was Familien- und Ortsverhältnisse interessant machen kann, bald aus den neuesten Kriegen, welche Beispiele von Muth, Biedersinn und Beharrlichkeit den Ruhm erneuert und die in Wahrheit schöne Freiheit behauptet haben!? —

„Das Felsenland hat noch," singt hier ein Dichter,
„was nicht mehr besitzt
Manch mächtiger Staat, — sein Landbuch und
seine Ehre!" —

„Der deutschen Völkerschaften sind nicht viele in der physischen und politischen Lage gewesen, solche altgriechische oder schweizerische Scenen in unsere neueste Geschichte zu bringen. Ist aber für die Menschheit etwas wichtiger als die Ueberzeugung, wie vielvermögend fester Wille allenthalben und allezeit ist"?

Jene ersten vier Jahrgänge liefern die einzige urkundliche Geschichte des Landsturms von 1797 und viele ermuthigende Scenen aus den Kriegsepochen von 1796, 1797, 1799 und 1800, — die alten Gesetze der Landeswehre, den Landtagsschluß von 1508, das Landlibell von 1511 durch die wälschen Kriege Max des letzten Ritters gegen Franzosen und Venediger, — die große Zuzugsordnung von 1704, motivirt durch den bairisch-französischen Einfall des vorigen Jahres, durch die Helden Vendome und Baierns Kurfürsten Max Emmanuel, — das Landsknechtswesen, die Werbe- und Musterplätze und die Heerfahrt über die Alpen und nach Rom, zur Paviaschlacht und zur Gefangennehmung des ritterlichen Königs Franz und des listigen Pabstes Clemens, durch den löwenmüthigen Tyroler-Schwaben Georg von Freundsberg zu Mindelheim 1524—1527, — den Einfall der schmalkaldischen Bundesvölker unter Schärtlin von Burtenbach 1546 und den Ueberraschungsflug des sächsischen Moritz auf Innsbruck, wo Carl V. und Ferdinand auf ein Haar seine Gefangenen und hiedurch uns eine ganz neue Weltgeschichte geworden wäre, 1552, — der große Bauernkrieg von 1526 mit seinen so vielseitig 1789 und 1830 wieder aufgenommenen Ansichten und Absichten, — das unglückselige Willkürherrschen, das diesen furchtbaren Aufruhr in den Bischofslanden von Salzburg, Brixen und Trient so auflodern gemacht, läßt ihn in dem landesfürstlichen, verfassungsmäßigen Rechte Tyrols gar nicht aufkommen. — Schon in den Tyroler Almanachen 1802—1805 beginnen die späteren Rubriken der Sitten- und Charakterzüge der Vorzeit, — der Ahnentafeln mit dem prachtliebenden Heldengeschlecht der Madruzze, — die Rubrik der Burgen mit dem Adlerneste Greifenstein und mit dem, schon unter des großen Otto Gegenkaiser, dem wälschen Berengar wichtigen Firmian, genannt Siegmundskron, als der altersschwache Siegmund (einverständlich mit dem lachenden Erben, mit dem römischen König Maximilian) bevormundet und zuletzt so gut als abgesetzt von den Tyroler Ständen, nichts mehr behielt, als etwa vierzig uneheliche Söhne und Töchter, einen bodenlosen Schlund nimmersatter Begehren und sieben herrlich gelegene Schlösser zu Jagd und Fischfang, meist classische Stätten, denen er allen seinen Namen gab: Siegmundskron, Siegmundslust, Siegmundsfreud, Siegmundsried Siegmundsburg, Siegmundseck ꝛc. — Ein bisher unübersteigliches Hinderniß in den tyrolischen Geschichten war die Dunkelheit und Verwirrung in den Stammwurzeln seiner großen Häuser gewesen, jener jüngeren, unächten Welfen, der Grafen von Eppan, Ulten und Greifenstein, — ihrer Nachbarn- und Ahnenfeinde, der Grafen von Tyrol, — der sie auferbenden Grafen von Görz, Pfalzgrafen, dann Herzoge von Kärnthen, letzlich des Hauses Andechs, das auch außer Baierns südlichem Hochgebirg an den adriatischen Küsten, in Carentanien, in Ostfranken und in der Pfalzgrafschaft Burgund herrschend und mit dem luftigen Herzogstitel von Croatien und Dalmatien geschmückt war, den es später mit jenen von Meran verwechselte. Johannes Müller leistet nur Gerechtigkeit, wenn er sagt: — „nie ist über dieses, in so viele Länder eingreifendes Haus mit gründlicherem Fleiß, nie erschöpfender geschrieben worden.“ — Der Tyroler Almanache letzter Jahrgang **1805** giebt zugleich die besten Skizzen des preiswürdigen Ländchens Vorarlberg, mit S. Gerold und Blumeneck, Klostergütern von S. Gallen und Welfischen Schenknissen an die Hausstiftung und Erbgruft zu S. Martin bei Weingarten bei dem unerschöpflich sagenreichen romantischen Altdorf zusammen. Daran reihen sich die zu Baierns Umzingelung gemachten, aber schnell gerade an Baiern gediehenen Erwerbungen der Königseckischen Reichsgrafschaft Rothenfels mit Werdenstein und des Rothhafens Tibers am Bodensee, Lindaus, wie am andern Ende der Stadt des bleichen Constantin, des Allemannensiegers, Constanz.

Die interessanteste Entdeckung aber dieser Tyroler Almanache (von Vielen bisher abgeschrieben und ausgebeutet) war eine der unvergleichlichsten mittelalterlichen Gestalten, Oswald von Wolkenstein, der Minnesänger, Tonkünstler, Reisende durch drei Welttheile, Geheimerath zweier Kaiser, Ruprechts und Sigismund, Haupt der Ritterempörung gegen Friedrichen mit der leeren Tasche. — Inventis facile est addere. Gar manche gazza ladra hat sich mit Oswald breit gemacht und sehr bequem die 1802 ans Licht gekommene Entdeckung Hormayr's noch 1843 völlig ignorirt. — Die, welche Quellen studiren, wissen auch zu unterscheiden. An den nachbetenden Tröpfen und an ihren templerischen und jesuitischen Weiheküssen sub spina dorsi ist nichts gelegen.

Den vier geschichtlichen Tyroler Almanachen folgte (1810 — 1814) nach einer vierjährigen Unterbrechung des Taschenbuches die von mancher Seite begehrte Fortsetzung. Es erschien erst 1810 wieder nach der durch Marien Louisens Vermählung mit Napoleon herbeigeführten Galgenfrist des Vertilgungskampfes zwischen dem hierdurch mit dem Rücken aneinander geleimten conservativen und destructiven Princip. Diese zweite Serie, nicht mehr das 1805 unrühmlich verlorene und preisgegebene Tyrol allein, sondern den ganzen jetzt auf so bedeutend engere Gränzen eingeschränkten österreichischen Kaiserstaat umgürtend. — Des Herausgebers dichterisches Gefühl für jene herrliche Dynastie des Landes Oesterreich, für die Babenberger, that sich kund in Biographien und in Monographien der Gefangenschaft Richards Löwenherz in Oesterreich und in jener des letzten jenes unübertrefflichen Heldenstammes, des in der Leithaschlacht gegen den ungarischen Bela in herrlicher Jugendblüthe getödteten Friedrichs des Streitbaren. — Eine herrliche Reihe bilden auch im Jahrgang 1842 des Taschenbuches die Babenbergerin Gisela, der Herzog Ernst und seine Freunde, der Werner und der Welf, — Frowiza, die Ungarin, — Hedwig, Helena und Agnes zwischen den Arpaden und den Babenbergern, — die den böhmisch-mährischen Przemisliden vermählten Babenbergerinnen, — Itha auf der Kreuzfahrt, — der Markgräfin Agnes Schleyer, die Gründung Klosterneuburgs rc. — Die Rettung des Kaisers Friedrich in der Neustadt, durch den noch einmal in der bedrängten Wienerburg hilfreichen und durch meuchelmörderische Hinrichtung belohnten, riesigen Helden Andreas Baumkircher (I. 1811, II. 1812, S. 161) Der Kärnthnerische Herzogsstuhl auf dem Zollfelde, der Stättedes altrömischen Virunums und einer vielleicht urslavischen, sofort karolingischen Kaiser- und Königs-Pfalz; eines der rührendsten Huldigungsfeste, wahrhaft patriarchalisch, wenn Max der letzte Ritter dem Landesverweser Veit Welser 1506 gelobt: „die Belehnung von dem Pawern in Khärndten auff Sontag quasimodogeniti zu halten," wofür freilich die spätern Landesherrn nur Reverse und Schadlosversicherungen gaben, der letzte 1728 Carl VI. zugleich der letzte Habsburger. — Kaiser Wenzels dreimalige Gefangenschaft in Oesterreich einmal auf dem Schlosse Wildberg der Gebrüder Caspar und Gundacker von Staremberg, sohin in der festen Donauburg Schaumberg bei Efferding, darauf in Wien am Kienmarkt im sogenannten Praghaus, von wo der Fischer Grundel Wenzeln durch den Abtritt an die Donau entführte und an der Stadelauer Ueberfuhr den am Ufer mit Reisigen und Spiessen seiner wartenden Herrn von Lichtenstein übergab, die ihn auf ihre mährisch-österreichische Gränzfeste Nicolsburg führten und von dort zu großem Verdrusse des Bruders und Reichsverwesers Sigismund nach Prag.

Aber nebst diesen Monographien liefert die den Tyroler Almanachen nachgefolgte zweite Serie der Taschenbücher auch urkundliche Erörterungen, Beleuchtungen, Behebungen gar mancher dunkeln Punkte der Vaterlandsgeschichte, so der Grundlage jedes historischen Baues der Geographie, der Eintheilung der staatsrechtlichen Verhältnisse der schönen Gauen ob der Enns bis 1156, des alten, großen National-herzogthumes Baiern und unter der Enns, der Ostmark, der nach Ottos des Großen Hauptsieg über die Ungarn auf dem Augsburger Lechfeld wieder erstandenen und gar bald den ostfränkischen Babenbergern anvertrauten Reichs-Markgrafschaft. Demselben Ziele von der natürlichen und politischen Geographie der Lande zu beginnen, gieng Hormayr schon 1802 für seine tyrolische Heimath aus, in der reichen und wichtigen Abhandlung über das Tyrol des Mittelalters in den betreffenden Herzogthümern, Gauen und Grafschaften, vom Umsturze des römischen Westreiches bis zum Ausgang der salisch-fränkischen Kaiserdynastie und dem Beginn der Hohenstauffen. — Eben so veranlaßte er den erhabenen Gründer der Johanneums im Febr. 1812 zur Ausschreibung einer Preisfrage über die geschichtliche Geographie Inner-österreichs (der Steyermark und der windischen Mark, Kärnthen und Krain und des Küstenlandes) von der Wiedererweckung des Abendländischen Kaiserthums durch Carl den Großen (800) bis nach der Aechtung Heinrichs des Löwen (1180). — Hormayr selbst hat die meisten dieser Fragen gelöset, — der Ollmützer Bibliothekar Xaver Richter, damals in Laybach und der gelehrte Capitular und Kämmerer der berühmten Benedictiner-Abtei Göttweih, Friedrich Blumberger, dann der unvergeßliche Florianer Chorherr Franz Kurz, lieferten zum gleichen Endziel auserlesene Untersuchungen. Eben hatte Hormayr jene Forschungen mit erneutem Eifer inmitten seiner Amtsgeschäfte begonnen, als das über das herrlichste Heer, das die Abendwelt seit Trajan und Aurelian je mehr erblickt, in der russischen Schneewüste ergangene Gottesgericht, plötzlich aus der Vergangenheit und aus einer trostlosen, in die hoffnungsreichste Gegenwart herein riß, in das Leben Hormayr's aber im März 1813 jene gewaltsame Episode brachte, die in den „Lebensbildern aus dem Befreiungskrieg" als Roschmanniade, deutschen Biederherzen gehörig entschleiert ist. — Wie nach den Tyroler Almanachen (1802—1806) mit der Abreißung Tyrols von Oesterreich eine vierjährige Unterbrechung der Taschenbücher eingetreten war, so kam jetzt eine sechsjährige (1814—1820) durch die mit jenen seines tyrolischen Vaterlandes oft und enge verbundenen persönlichen Geschicke des Herausgebers Freiherrn von Hormayr, welcher von seinen weitläufigen und mühevollen Quellenforschungen mehr als einmal sagen mochte: „— nunc autem — quoniam exemtis e media vita tot annis, — natura et fortuna nos eis tamen superstites esse voluit, reliqua persequemur et quantum poterimus, lectores exemplis docebimus!" —

Neben mühsamen gelehrten Forschungen, neben einem regen Antheil an größeren Urkundensammlungen, (wie die monumenta boica, die Regesten ꝛc.) neben selbstständigen Werken, wie der österreichische Plutarch, die Geschichte Wiens und seiner Denkwürdigkeiten, das Archiv für Süddeutschland, die Abhandlungen aus dem österreichischen Staatsrecht, die Beiträge zur mittelalterlichen

Geschichte Tyrols mit ihrem Urkundenschatz, — die mit des Landes Verlust abgerissene und ein Bruchstück gebliebene Geschichte Tyrols, die kleinen historischen Schriften und akademischen Gedächtnißreden, — die geschichtlichen Fresken in den Arkaden des Münchner Hofgartens rc. suchte der Freiherr von Hormayr mit fast leidenschaftlicher Wärme und Beharrlichkeit auf die Rettung der Historie in die Kunst herüber, auf die Verarbeitung und Veredlung des Stoffes in und durch zwei alljährlich wiederkehrende Serien zu wirken, durch die 1802 begonnenen historischen Taschenbücher und durch das in zwanzig dicken Quartbänden von 1810 bis 1829 fortgesetzte Archiv für Geschichte, Statistik, Literatur und Kunst.

Ueber den ersteren Hauptzweck der innigen und beständigen Vermählung der Historie mit der redenden und bildenden Kunst sprach Hormayr sein Glaubensbekenntniß schon inmitten der großen Rüstungen von 1808 aus. Er wiederholte es 1817 nach vieler Drangsal seines eigenen Lebens und eine lange Reihe von Jahren später 1842 bei dem freudigen Anlaß der Vermählung des durchlauchtigen Fürsten Maximilian Kronprinzen von Baiern in seinem eigensten Schwanengesang „der goldenen Chronik von Hohenschwangau," welche also beginnt:

„Schmachvoll ist es, ein Fremdling zu stehen auf Heimathsboden, Vaterlandsliebe lodert am besten aus der Gluthkohle der Vaterlandskunde", — mahnten zwei der größten Redner des klassischen Alterthums. — Alle gewaltigen Männer früher und später Tage haben aus dem unversiegbaren Born der Geschichte geschöpft. Sie war ihnen ein köstliches Specificum der Geistesgegenwart, sie war ihnen ein unfehlbarer Talisman der Nacheiferung, der Aufopferung, des unbeugsamen Willens, der nimmer müden Kraft. — Der Finger der Historie deutet freudigen Jünglingen den so mühe- als glorreichen Pfad eben dieser hehren Gestalten. — Segnend schwebt ihr Genius über den Frauen, den Bildnerinnen des kommenden Geschlechtes, das an Geschichten sich säugt und in Sang und Märchen so träumt, als wacht. — Freilich ein getrocknetes Herbarium von Namen und Zahlen, von philisterhaften Streitfragen und Raritäten, darf eine Geschichte für Frauen, für Jugend und Volk nimmermehr seyn!! Sie darf nicht wie ein dürrer, wenn auch noch so mächtiger Stamm, kahle Reiser und trockene Zweige traurig in die Lüfte strecken. — Die ächte Geschichte ragt aus kerngesundem Mark, ohne Treibhauskünste, von der Morgen- und Abendröthe der Sagen und Legenden beleuchtet, von den Aeolstönen der Märchen und Lieder umsäuselt, weit ausschauend empor, ein duft- und farbenprächtiger, Blüthen und Früchte zugleich darbietender Baum!" —

„Eine solche Geschichte flößt das muthige Vorwärts und das läuternde Aufwärts in jedes ihr aufgeschlossene Herz. — Sie lehrt vor Allem, Glauben, Hoffnung und Liebe. — Nirgend und niemals Erdichtung, bleibt sie gleichwohl, durch und durch, die erhabenste, auf die sibyllinischen Blätter der Jahrhunderte geschriebene Dichtung. — Sie erspart die nur dem Fürwitz und der Neugier angeborene beständige Verwunderung, dafür ist sie selber die Kunst ewig frischer Bewunderung für Alles, dem nach der Art seines Kampfes und Sieges, der Lorbeer, der Oelzweig, oder die Myrthe gebührt!" —

„Eine solche Geschichte ist die trefflichste Schutzwaffe für die Herrschenden wie für die Beherrschten. — Sie ist aber auch die drohendste Trutzwaffe gegen fremden Uebermuth und gegen fremde Uebermacht, eben so das Erworbene mannhaft zu behaupten, als nach Umständen das Verlorene wieder zu gewinnen! Das Volk, dem eine solche Geschichte in Wahrheit und in Dichtung, Lied und Bild, in Saft und Blut übergegangen ist, kann wohl durch Unglück des Zufalls, durch Unverstand der Anführung mehrmals überwunden werden; unterjocht wird es nie!!“

„Ist einem biedern Volk in besonderer Gunst eine so reiche Geschichte und ein altes fürstliches Vaterhaus als guter Engel aus der himmlischen Heimath auf seine lange Pilgerschaft und Herfahrt mitgegeben, welche Pflicht wäre theurer, welches Geschäft wäre ruhm- und freudenvoller, als daß die Historie zur Erhöhung ihrer heilbringenden Wirksamkeit auch die andern himmlischen Schwestern zu Hülfe rufe, daß redende und bildende Kunst, Heldensang und Bühne, Sage und Legende, Malerei und Sculptur, vorzugsweise vaterländische Gegenstände verherrlichen, daß die großen Umrisse und Skizzen der Geschichte, Ausführung und Weihe erhalten durch Monographien nnd Biographien, denn die Vollendung des Ganzen beruht anf der Vollendung aller seiner Theile. Jegliche Geschichte geht von dem Menschen aus und um die großen Männer dreht sich die Zeit. Wo hohe Erinnerungen so gewaltig sich zusammendrängen, da ist ein rechter Altar des Vaterlandes, da brennen seine ewigen Lichter, da lodert das heilige Feuer zum verwandten Himmel empor.“ —

Schon mit dem Beginne seines Archives, ja schon früher hatte Hormayr einen edlen Kreis vaterländisch gesinnter Freunde entzündet, heimathliche Gegenstände — durch die Romanze, Ballade und Legende, ja auch episch, dramatisch und in der Historienmalerei zu verherrlichen. — Seine vieljährigen Freunde, die Gebrüder Heinrich und Matthäus von Collin und Caroline Pichler traten die ersten zu ihm. — Heinrich von Collin, der Sänger der Landwehrlieder, der Dichter des Regulus, hatte Kaiser Albrechts Hund, Herzog Leupold vor Solothurn, Kaiser Max auf der Martinswand, in Hormayrs Archiv niedergelegt. Seiner Trilogie aus dem Leben Ladislavs Posthumus und der Hunnyaden entriß ihn ein allzufrüher Tod. — Matthäus von Collin (Erzieher des Herzogs von Reichstadt und durch geraume Zeit Redacteur der Wiener Jahrbücher) besprach dieselbe Richtung im Archive: „Ueber die nationale Wesenheit der Kunst," und „über die Beziehungen der Kunst zum Staate. — Caroline Pichler sagt über das gleiche Ziel in dem kurzen Abriß ihrer Selbstbiographie: — „Freiherr von Hormayr führte mich in das von mir bisher nicht genug beachtete Gebiet der Geschichte ein. — Er lehrte mich mein Vaterland mit ganz andern Blicken betrachten. Er veranlaßte mich, so wie mehrere unserer Freunde, uns vorzüglich mit der Geschichte Oesterreichs zu beschäftigen und die Gegenstände unserer dichterischen Arbeiten aus derselben zu wählen. So entstanden meine meisten Romanzen und manche Erzählungen, und so wurzelte auch tief in meiner Seele die Liebe zu meinem Geburtslande und zu dem Fürstenhause, dessen hohe, schöne Gestalten in ihrer herablassenden Milde mir aus früher Kindheit vorschweben, wo ich so oft nach Hofe gekommen war, mit meiner Mutter." (Caroline von Greiner, geborne Hieronymus, Vorleserin der großen Theresia, Taschenbuch auf 1845. S. 110—144).

Den Hauptausschlag in diesem patriotischen Treffen gab aber, daß Oesterreichs Rumford und Howard, der Altgraf Hugo Franz zu Salm-Reifferscheid-Krautheim (Taschenbuch auf 1840. S. 523, 597 und Jahrgang 1843 S. 386) im Juli 1817 auf seiner mährischen Burg Raitz, eine der Zierden des stolzen Ungarlandes, den am 17. Juni 1844 allzufrüh für die magyarischen und für gar viele wissenschaftlichen Interessen wie für die Regierung plötzlich aus diesem Leben abgerufenen Freiherrn Aloys von Mednyanszky (Taschenbuch auf 1841. S. 395) mit Hormayr vereinigte, einen der fruchtbarsten Sammler und Schriftsteller des historischen, naturhistorischen, landwirthschaftlichen und statistischen Gebietes. — Beide begannen sogleich im Archiv die gar bald schöne Früchte tragende Rubrik: „ob denn Oesterreichs Geschichte an wahrhaft dichterischen Stoffen ärmer sey, als jene der classischen Vorzeit oder eines anderen Mittelalters??" — Beide vereinigten sich zur Wiederaufnahme dieser Taschenbücher und gaben bis zu Hormayrs Uebertritt in den bayrischen Staatsdienst, zehn inhaltschwere Jahrgänge ununterbrochen mit einander heraus, die dritte Folgereihe derselben. (1820 —1829.)

Monographien und Biographien, — Sagen und Legenden, Ahnentafeln in Krieg und Frieden hochberühmter Geschlechter und ihre nun meist in großartigen, mehr und mehr verschwindenden Ruinen, daliegenden Burgen, bildeten, mit und neben gar vielen andern wichtigen Episoden, stehende Rubriken und gewissermaßen die Grundpfeiler und Richtungspunkte dieser Taschenbücher. — Es war eine vieljährige Erkaltung uud Stumpfheit gegen die stummen sowohl, als redenden Denkmäler und Ueberreste der heimathlichen Vergangenheit, gegen ihre Sitten und Lieder, Ueberlieferungen und Legenden, ja selbst gegen ihre ausgezeichneten Männer höchlich zu beklagen. Es ist sehr viel und nicht nur Vieles (multum et multa), was durch die beiden Freunde errettet, verjüngt und vaterländischen Gemüthern in voller Frische wiedergeschenkt worden ist.

Vor dem Beginne des Archives und der Taschenbücher war Schillers Graf von Habsburg so ziemlich die einzige vaterländische Ballade gewesen, — die Taschenbücher aber und das Archiv zählen jetzt deren nach den Hunderten und darunter viele ausgezeichnete, so daß solcher Reichthum in den deutschen Gauen unüberboten dasteht.

Welchen Einfluß dieses Streben insonderheit auf die Historienmalerei bezüglich der Wahl vaterländischer Gegenstände geübt, zu welchen Hervorbringungen es insonderheit die edeln Talente von Peter Krafft, Anton Petter, Siegmund von Perger, Peter Fendi, Johann Scheffer von Leonhardshof, Ludwig Schnorr, insonderheit aber des Custos und Kammermalers Carl Ruß begeistert habe, ist in des Letzteren Necrolog im vorjährigen Taschenbuch 1845 Seite 82—110 mit Liebe erzählt.

In beiden Herausgebern, Hormayr und Mednyansky, regte sich insonderheit eine tiefe Ehrfurcht für alle Freuden und Nöthen, guten und bösen Tage, dies fasti et nefasti, des Vaterlandes, für alle seine durch Wort, Schrift oder That ausgezeichneten Söhne. So entstanden in drei Jahrgängen der Taschenbücher 1811, 1820 und 1831 Geschichtskalender oder historische Tagebücher, das erste für Oesterreich überhaupt, — für Ungarn das zweite, — das dritte für Bayern, alle großen Begebenheiten, Regenten, Staatsmänner, Feldherrn, Gelehrten und Künstler an den Tagen aufführend, wo jene geschahen, diese aber geboren oder gestorben sind.

Die Erscheinung dieser dritten Folgereihe wurde sogleich von mehreren Seiten in erfreulicher und ermunternder Weise begrüßt. — Ein gefühlvoller Kenner sagte über den ersten, im Spätjahr 1819 für das Folgende erschienenen Jahrgang: — „Wenn überhaupt jedem Staat ein Unternehmen wie dieses der beiden Freyherrn zu wünschen ist, weil je mehr sich die Kenntniß der vaterländischen Vorzeit verbreitet, das Charakteristische des heimathlichen Lebens desto tiefer gefühlt wird und damit zugleich die Liebe zu den bestehenden Formen der Staatsverwaltung nicht mehr dem bloßen Instinkt überlassen bleibt, sondern auf Kenntniß und Ueberzeugung bestehender Vorzüge beruhen wird, so ist dieses für Oesterreich um so schätzenswerther. — Der bedeutende Standpunkt, den dieser Staat von jeher in Europa behauptete und der seiner Geschichte einen so großartigen Charakter gewährt, muß, einmal erkannt, und durch solcherlei Arbeiten, wie sie ein Taschenbuch dieser Art fortlaufend gibt, zur allgemeinen Anschauung gebracht, in jedem Staatsbürger ein freudiges Gefühl und warme Anhänglichkeit an das Vaterland hervorbringen: denn der Gedanke, einem Reiche anzugehören, dem die Vorsicht seit Jahrhunderten so große Geschäfte und ein so ehrwürdiges Amt im Kreise der europäischen Staaten auftrug, ist erhebend und beruhigend zugleich. Die mannigfaltigen Bestandtheile dieses Staats, ihr unter sich so verschiedenes Leben, so manche scheinbar unvereinbare Gegensätze haben in den kritischen Momenteu des Staatsdaseyns nur dahin gewirkt, das Echte und einzig Nothwendige in desto vielgestaltigerer Ausbildung zur klaren Erkenntniß zu bringen und zu einer um so heiligeren Pflicht zu erheben, je mehr es das eine und gleiche Resultat der scheinbar verschiedensten Ansichten war und nur aus den vielseitigsten Erwägungen hervorgeheu konnte. Diese wichtige Wahrheit, aus der österreichischen Geschichte für die Bewohner dieses Staates hervorgehend, muß die verschiedenen Länder des Reiches, je mehr sie sich in den Gemüthern befestigt, enger und inniger an einander knüpfen. Es ist daher auf keinen Fall Entweihung der Geschichte, sondern Zurücklenkung derselben auf ihre eigentliche Bestimmung, wenn man sie, wie hier versucht wird, aus der Stube des Gelehrten in das Leben und in die Herzen der Staatsbürger einführt; ein Streben, welches dem classischen Alterthume klarer als unserer Zeit gewesen, die, wie in mancher Kunst, so auch in der Geschichte, erst daran zu denken anfängt, die Gerüste, die zur Errichtung ihres Baues gedient, endlich als unnütz geworden wegzureißen und das vollendete Werk dem Glanze des Tages frey zu geben."

An der stehenden Rubrik der (wahrlich nicht im Fouquéschen oder Harthausischen Geist aufgefaßten) Ahnentafeln, rühmen besagte Jahrbücher den „Eingang als Hinweisung auf die hohe Stelle, welche einheimischer Historie in den Gemüthern um das Edle bemühter Menschen gebührt; die Aufforderung zur Würdigung der Vergangenheit, um die Gegenwart an ihr zu erheben: Ermahnungen, welche bereits zwar oft wiederholt, hier dennoch weder zu spät, noch ohne hinlängliche Ursache mit Begeisterung erneuert werden."

„Nur aus solchen Monographien, gleichviel ob sie Fürsten, Worthies der Nation, Provinzen, Städte oder Adelsgeschlechter zu ihrem Stoffe wählen, kann endlich ein solider Bau reifer Vaterlandsgeschichten entstehen: ein Verfahren, welches die Tüchtigsten aller Länder nun auch als das einzig nothwendige einsehen und laut bekennen. Ohnehin bewegt sich ja das ganze Mittelalter im Klerus und Adel: und wie soll eine Geschichte zu Stande kommen, wenn jene beiden nicht in ihren Einzelnheiten aufgesucht werden? Dem Grundsatze nach betrachtet, kann also kein vorurtheilsfreier Beurtheiler die Ahnentafeln unfreundlich ansehen und auch die vorliegenden geschichtlichen Aufsätze verdienen gewiß nur den besten Empfang. — Forschungen auf einem so trokkenen Boden sind eben nicht geeignet, einem Schriftsteller Gunst und Ruhm zu gewinnen, zumal wenn er genöthigt ist, Glieder eines noch lebenden Stammes verdientem Tadel zu übergeben, wie dieses mehrmals der Fall ist."

„Von der andern Rubrik der Sagen und Legenden: bemerken die Jahrbücher „sie weihe sich keineswegs denjenigen, welche sich gern an leeren Fabeln ergötzen, oder leichte Erregung zu Lust und Trauer in Geschichten der Art suchen, wie manche flüchtiger Unterhaltung gewidmete Taschenbücher sie liefern. Dasjenige, was als Sage aufgenommen ist, wird hier nicht selten durch eine auf die Quellen genau eingehende Forschung zur historischen Thatsache erhoben, wie das Abenteuer Marens auf der Martinswand, eine preiswürdige Arbeit, des Dankes werth, wie wenige. Oder es wird an die Sage eine mit ihr in Verbindung stehende historische Untersuchung fruchtreicher Art geknüpft, wie in den Erzählungen: die Andrássy und der ungrische Ritter Toggenburg. Diejenigen Legenden und Sagen aber, welche nicht auf diese Art behandelt werden konnten, verbreiten durch das Charakteristische, wir dürfen nicht sagen der Erfindung, sondern der ihnen inwohnenden Lebensansicht, historisches Licht über die Denkart des Zeitalters, in dem sie entstanden. — Die großen Ereignisse der Zeit und in ihrem Gefolge die heilige Vaterlandssehnsucht höherer Gemüther haben erst in unsern Tagen die Künste (so redende als bildende), der Historie wieder entgegengeführt, wie sie denn auch in diesem Taschenbuch aufs lobenswürdigste und mit gleichem Erfolge, wie im Archiv, Hand in Hand gehen." —

Eine vergleichende Uebersicht des Inhaltes der Taschenbücher dürfte den Lesern derselben willkommen seyn und es anschaulich machen, daß nirgend auf deutscher Erde ein ähnlicher Reichthum des Stoffes zu finden sey. — Um vorerst die Rubrik der Gedichte nicht zu verlassen, zählen wir hier dieselben nach ihren Verfassern auf: hier deponirte der Patriarch Pyrker reiche Proben der Rudolphias und Tunisias. — Caroline Pichler, geborne von Greiner: — ihr Kremsmünster, — Gamming, Hohenfurt, — Leopold der Erlauchte, — der Markgräfinn Schleyer, — Herzog Albrechts Rache, — Kaiser Marens Zweikampf in Worms, — Ferdinand II. — die Freunde Salm und Rogendorf, — Therese von Artner (Theone), — der Willi-Tanz, — Baronin Münk-Holzmeister (Sephine), — das Waldliebchen zu Hainbach, — Heinrich von Collin: Kaiser Albrechts Hund, — Herzog Leupold vor Solothurn, — Kaiser Max auf der Martinswand, — Matthäus von Collin: die hohe Taufe Rudolfs, — Zacharias Werner, der Ostermontag des Oswald Milser zu Seefeld, — Freyherr von Zedlitz, der Sänger der Todtenkränze, des Waldfräuleins und der nächtlichen Heerschau: An Oesterreich, 1813, der Schafgotsch'sche Wappenschild, — der unbekannte Ritter (Christoph Lichtenstein), — Anton Alexander Graf von Auersberg zu Thurn am Hart, (Anastasius Grün,) — der „Sänger des letzten Ritters"; serbische Heldensagen, — krainerische Volkssagen, aus dem Slavischen treu übersetzt, — die Brüder von Reichenburg, — Wartenberg, — Maria Grün, das Wiegenfest zu Gent, — die Leiche zu St. Just, — Generallieutenant Graf Rothkirch, die Verbannten am Morgarten, — Carl Egon Ebert in Prag, Verfasser herrlicher Lieder und des Brzetislav, des Epos Wlasta, die Erbauung Worlicks, der Styr von Cheynon, die Ahnentafel in Heiligenberg, — Gerle in Prag, das Schreckensbild und Udalrich, Gustav Schwab, des Ritters von Gerhausens Schwur, J. F. Castelli, die arragonische Königinn Johanna, das steinerne Bild, die Gerechtigkeit, Ludgerus, — Hannusch, das Kanonenkreuz, — W. A. Swoboda in Prag, — St. Adalbert am grünen Berge, der Gastes-Mord auf der Maidenburg (der Anlaß des großen mongolischen Einfalles), — St. Adalberts Heimkehr, Köffinger in Pesth, der Geist des Somolan, die Willi, Betzko, Simon Kemèny, König Emmerich, wie Rudolph von Habsburg den Sänger geehrt, — Baron Benedikt Püchler, König Stephan, — Wien 1529 befreit, Urban Batthiany, — Pietznigg, Kaiser Otto's

Rettung, Guido Starhemberg, — Büssel in München, Otto von Brandenburg und die schöne Müllermaid, — Professor Sendtner in München, die Hohenstauffen, die Pappenheime, der rastlose Professor Schön in Breslau: das Haus Oesterreich, die Jungfrau von Neuhaus, Meister Petermann von Eisenberg, die arme Sünderblume, die polnische Hedwig, die Sühne, die drei Kaiserinnen, Herzog Ulrichs Braut, der blinde König in Böhmen, Johann Capistran, — Haas von Oertingen aus Prag: Schloß Przimda, Habsburgs Mauer, St. Wenzels Sieg, der Regensburger Reichstag, Borziwoy's Bekehrung, — Leitner in Gratz: die Draujungfrau, die Bergknappen von Zeyring, der Brautwerber, der Teufelsstein, die Hunde von Kuenring, — J. G. Seidel aus Wien: an Wien, die frohe Nacht des Entsatzes (1683), Rüdiger Starhemberg, Rauheneck und Rauhenstein, Kampfesnachklang (1809 bis 1810), Speckbacher und sein Söhnlein, Erinnerung, die Erscheinung in der Fremde, die Bergfrau des Ortles, Hanns Euler, Albrecht Dürer, Kaiser Carls Scepter, Kaiser Marens Mantel, die Barden-Grotte, die Korymus-Linde, die Flucht des Marienbildes, der Ritter von der Rosen, das heilige Grab, der schwarze Wagen, Schloß Besserstein, die beste Feyer, des Helden Schwerdt, der junge Mönch, die Cölner Feyerglocke.

Eduard Duller aus Wien, der seine hoffnungsreichen ersten Anklänge vor beinahe zwei Jahrzehenden in diesem Archiv, in diesen Taschenbüchern begonnen, zeigte 1829, Hormayrn nach München folgend, unvorzüglich in seinem edlen Cyclus: die Wittelsbacher: ex ungue leonem. — Wie glücklich der Zweck durch ihn erreicht worden, erwies sein Lucas Cranach, die blinde Königin, Herzog Ottos des Erlauchten Söhne, der Ritter von Marquardstein, der Marelreiner und Schön-Ameley, Kaiser Rudolph und der Aufruhr Prags, Pfalzgraf Friedrich der Sieghafte und die Löwensteine, die vollen Deutschen, die Schwestern, höher hinauf, — des Pappenheimers rechtes Wappen, — die Blinden, der Pfaff vom kahlen Berge, — Sickingen und Hutten, — des Fuggers Feuerwerk, — Kaiserswort, Gotteswort, — der Kaiser zittert! — und Dullers wundersamer Liederkreis Hohenschwangaus (von Vogt fortgesetzt) — vom Professor Canaval aus Brünn: die Leipziger Octoberfeyer auf dem heiligen Berge bei Ollmütz 18$\frac{17}{18}$, gleich darauf durch faux frères als Wartburger Nachdruck verdächtiget, — Kloster Sedletz, Kaiser Heinrich und Metter, der Wiener Stephansdom. (die Weihe 1147, der Herzoge Schwur 1365, der Siegeseinzug 1683, der Pilger), Rudolf an Ottokars Leiche, Kaiser Maxens Abschied von Augsburg, — von dem hierin unerschöpflichen J. N. Vogl in Wien: — der Mönch zu Pisa, Johannes Parricida, Martin Malterer bei Sempach, die Kreuzritter, Kloster Schlegel, — des Kuenringers Meerfahrt, Hadmar von Kuenring, Gründer von Zwettel. — die Sagen vom Salzburger Untersberg, — die Bettlerkirche in Mähren, die Schutzmauer, der Besserstein, Dalibor der blinde Geiger, die drei Bärenauer Bergknappen, — Ehre den Todten, — Attila am Meeresufer, Carl V. an den Gräbern zu Speyer, die Hexe von Riegersburg, die Mutter des Tököly, der Kahlenberger Mönch, Bischof Kollonitsch, der stumme Bruder in Ossiach, Fürst Suidrigals Bär, die Breuners-Eiche, der mächtige Reiter zu Prag, Junker Klettenberg, der letzte Hirschhorn, der Meistertrunk am Rhein, des Ban Sukowitsch wüster Traum, die Tigerinn Elsbeth Bathory-Nadasdy, Burgfrau auf Cseitho xc. — — von Fick: Rudolph von Habsburg und der Kaufmann, Kaiser Albrechts Fahrt nach Speyer, — von dem verewigten Max Fischel: das Vaterland, — die Gegenkönige Ludwig der Bayer und Friedrich der Schöne und sein Meistersang: Ernst der Eiserne und die masovische Heldenjungfrau Cymburge ꝛc. — Auch als Portraitwerk durchaus nach sorgfältig ausgewählten Originalien, zog dieses Taschenbuch Aufmerksamkeit nach sich, z. B. jene der ungarischen Königin Maria und der Mutter Conradins, Elisabeth (die Urbilder in der Sammlung Jankovich in Pesth und im Kloster Stamms) Karl V. (nach dem Titian der Ambrasser Sammlung) Friedrich mit der leeren Tasche in Tyrol und sein in Reichsacht nnd Bannfluch in Noth und Tod getreuer Freund, Hans Wilhelm von Mülinen (auf der berühmten Votivtafel in der Prämonstratenserabtei Wiltau am Berg Isel, vor den Thoren Innsbrucks Siegmund von Dietrichstein und seine von Europa's größten Monarchen besuchte Hochzeit (1515 Nikolsburger Original) Sigmund von Herberstein, von der großen Katharina „der Entdecker und der ältere Plinius Rußlands" genannt — Caspar Schlick, Kanzler König Sigmunds, Albrechts II. und Friedrichs IV., — die beiden Helden Rüdiger und Guido Starhemberg, Vertheidiger Wiens 1683, wie Graf Niklas Salm 1529 — der Siebenbürgerfürst Gabriel Bethlen, die berühmten Palatine Thomas Nadasdy, Stephan Illeshazy, Georg Thurzo, Franz Wesselènyi, Johann Palfy, der Geschichtschreiber Isthuanffy, der Türkenschrecker Adam Batthiàny, Stephan Csaky, — der Stifter des ungarischen Nationalmusäums, Graf Franz Szechenyi, der Präsident des böhmischen Natioualmusäums und große Naturforscher, Graf Caspar Sternberg, — von ungarischen Landtagsrednern und Gelehrten, Graf Joseph Desöffy und Graf Stephan Illeshàzy, Thomas Ragàly, Paul Nàgy, Franz Kaczinczy, — der durch seine Allmacht und durch seinen plötzlichen tiefen Fall bekannte Minister Leopolds I. und witzvolle Jesuitenfeind, Fürst Wenzel Euseb Lobkowitz, der scharfsinniga Genealoge und Geschichtsforscher, Reichs-

Hofrathspräsident Graf Wurmbrand, der edle Kunstfreund Graf Christian Clamm-Gallas, die bayrischen Minister Graf Armansperg, nachmals Griechenlands Großkanzler und Eduard von Schenk, der Dichter des Belisar, des Adolf von Nassau, der Krone von Cypern, — der erste Soldat von Aspern, der Marschall und große magister equitum, Fürst Johannes Lichtenstein, — der Erretter der Lombardei vom revolutionären Miasma, General Graf Bubna — Philipp Stadion und Fürst Clemens Metternich, der Freyherr vom Stein und der Graf von Münster. — Seit Hormayrs Uebertritt in den Staatsdienst Bayerns bot das Taschenbuch Portraitgallerien unbestreitbaren Werthes: König Ludwig, König Otto, der Kronprinz Maximilian. — Daran schloß sich (in Deutschland noch nie und nirgend verwirklichet) eine Kriegsgallerie der Bayern, — der auf österreichischer, dann auf Bonapartischer, dann wieder auf alliirter Seite ruhmbekrönte Wrede, — der ehrwürdige Deroy, sein treuer Adjutant, der jüngst verblichene, treffliche Kriegsminister Hertling, — der früher auch in Oesterreichs Diensten gestandene Chef des Generalstabes Raglovich, — der Fürst Constantin Löwenstein und der Erbmarschall und von Avesnes bis Hanau kampfbewährte Pappenheim. — Diesen Medaillons reihen sich an aus dem Tyrolerkriege von **1809**, Chasteler und Beyder, — der Sandwirth Andreas Hofer aus Passeyr und die glänzendste Erscheinung aus jenem Gebirgs- und Volkskriege, Joseph Speckbacher.

Aus Bayerns Geschichtsforschern stehen sich hier gegenüber Lori und Westenrieder, Rudhart und Stichaner. — Der innigste und treueste Freundeskreis seit vielen, vielen Jahren hat sich selber bedacht, — davon leben nur noch Hormayr, Hammer und Maurer, — Hugo Salm ruht schon im neunten Jahr in der von ihm so heißgeliebten

Erbe, Mednyánszky seit Sonnenwende 1844, — den ihm $18\frac{43}{44}$ entrissenen, seit mehr als vierzig Jahren geliebten Freunden weihte Hormayr gleichfalls ausgezeichnetes Andenken: — dem Gründer der unvergleichlichen bibliotheca tyrolensis, von dem er als Kind, Lesen und Schreiben gelernt, dem Appellationspräsidenten und Geheimenrathe von Dipauli, — der Dichterinn Caroline Pichler geborne von Greiner, — dem Historienmaler und Galleriecustos Carl Ruß, — dem gediegenen Quellenforscher Franz Kurz, regulirten Chorherrn in St. Florian bei Linz, einem wichtigen Hebel in Hormayrs Zusammenhang mit den höchst verdienstreichen studiis monasticis in Oesterreich.

Die Ahnentafeln des Taschenbuches gaben die an staatsklugen und heroischen Thatsachen, wie an romantischen Zügen überreichen Geschichten der magyarischen Edelstämme Pálffy, Batthiány, Csaky, Semsey, Nemes, Illyeshazy, Nadasdy, Forgats, Nyari, Apony, Banffy, Balassa, Draskovits, Mednianszky, Berczeviczy, Maithenyi, Szirmay, Sztarray, — der mährisch-schlesischen: Sedlnitzky von Choltitz, Kaunitz, Zierotin, — der böhmischen: Sternberg, Schlick, Lobkowitz, Kolowrat, Chotek, Wrbna, Czernin, — der österreichischen: Lichtenstein, Dietrichstein, Trautmannsdorf, Wurmbrand, Herberstein, Puchheim (nun Schönborn-Puchheim), Purgstall, Saurau, — aus Schwaben und aus den Rheinlanden eingewandert, nun in Mähren und Böhmen seßhaft, Stadion und Metternich, — Müllinen ist schweizerisch und wie Hallwyl, Wessenberg und Beroldingen von den ältesten Dienstmannen Habsburgs. — Die Thüringischen Boyneburge, sowie die hohenrhätisch-oberschwäbischen Freyberge zum Eisenberg stehen im Alter würdig neben und im momentanen Gewicht, manchmal über die Herrscherstämme von Würtemberg, Hessen und Nassau.

Aus den Burgen, die so nahe an die Ahnentafeln sich

aufranken und in denen sich so viele der strahlendsten Züge des Ritterthumes finden, gehören Ungarn: — das Königs- und Kronschloß von Preßburg, Arva, Trentsin, Nentra, Theben, Scharfenstein, Bibersburg, Plassenstein, Korlathkö, Pallenstein, Gran, Wissehrad, (Blindenburg), das Zipser-Haus, Betzko, Tokay, Saros-Patak, Szcklavina, Krasnahorka, Berents, Zolyom, Szigeth, Appony, Toth-Lipse, Ghymes, — aus Oesterreich, das kaiserliche Lustschloß Laxenburg, Aggstein, Albrechtsberg, Schallaburg, die Rosenburg, aus Baiern vor allen das herrliche Hohenschwangau, — aus Böhmen, Bürglitz, Trosky, Friedland, Karlstein, Littiz, Tollenstein, Neuhaus, Ralsko, Namarow, die Kunneburg, — aus Mähren, Boskowitz, Eichhorn, Pernstein, Mürau, — aus Baiern, auch noch das Armannsbergische Schloß Eck, die Cadolzburg, Werdenfels, Schaumburg ꝛc.

Von Biographien waren mehrere dem Andenken edler Königstöchter Ungarns gewidmet, — der heiligen Elisabeth, Margarethen, der weniger bekannten Tochter Belas IV., deren noch in den Händen der Familie Batthany vorhandener Hausaltar ein herrliches Werk alterthümlicher Kunst ist — und der beiden Töchter Ludwigs des Großen, der polnischen Hedwig und der ungarischen Maria, deren Geschicke allein das halbe Leben Walter Scotts hätten beschäftigen können, so wie die Leiden noch einer polnischen Hedwig, dem Baierherzog Georg dem Reichen von Landshut vermählt. — Als Männer des Krieges reihen sich die Leben und Thaten der bereits wegen ihrer Bildnisse genannten großen Palatine Ungarns. — Ebenso die oben erwähnte moderne Kriegsgallerie der Baiern — und eine andere, dem Tyroler Kriege von 1809 angehörige, — die seltene Emporkömmlingsgestalt des Grafen Wolf von Kolberg, der gelehrte Bischof Janus Panonius und ein magyarischer Atticus Graf Gideon Raday, — der wilde Ungarheld Matthias

Corvins, Paul Kinisy, der nahe daran war, wie jener alte Magyarenfürst Butund, ein Loch ins Thor von Constantinopel zu hobeln, der einen Mühlstein auf dem Kopfe trug und als er den Freund Bàthory aus der äußersten Türkengefahr herausgehauen und den Feind aufs Haupt geschlagen, den getödteten Vezier am Kragen zwischen den Zähnen haltend, beim Siegesmahl ungarisch tanzte, — Niklas Zriny, Held und Dichter, — der Türkenschrecker Melchior von Rädern, die lange Reihe der Pàlffys und der ganze Hof Matthias und Ferdinands beim Ausbruche des dreißigjährigen Krieges und aus dessen entsetzlichen Wirren, zu denen hier die köstlichsten Beiträge stehen, aus noch unbenützten wichtigen Quellen, der Tylli und der Pappenheime, Jean de Werth und Puchheim und Gustav Adolphs edelster Zögling Leonard Torstenson, — der Bambergerfürst Leupold von Egloffstein, — gar manche große Nürnberger und Augsburger, — der alte Aventin und die oben genannten neueren Geschichtsforscher Baierns 2c. 2c.

An diese biographischen Skizzen reihen sich berühmte Reisende und Abentheurer: der Ritter Georg von Ehingen, — der in der Ungar- und Franzosenschlacht bei Nikopolis von Bajazeth, sechs Jahre darauf bei Ancyra sammt dem Bajazeth von Tamerlan gefangene Münchener, Hans Schildberger, — der Dollmetscher Benedikt Kuripetschich, der gelehrte Wiener Hieronymus Beck von Leopoldsdorf, der abenteuerliche Sigmund Haager von Alensteig und die beiden fast märchenhaften Helden Hanns von Traun und Friedrich von Kroisbach, die zu Land und zur See mit Engländern, Franzosen, Preußen, Böhmen, Wälschen, Reussen, Schweden und Schotten gefochten, im innern Afrika und dreimal beim heil. Grabe gewesen, — Ulrich Schmidl von Straubing, einer der Erbauer von Buenos-Ayres, — der Fugger und der Welser Provinzen in der neuen Welt, — die nach Palästina ziehenden Nürnberger und die Preußenfahrten, — Rudolph von Frauenberg, — der Augsburger Arzt Leonard Raumwolff, — die Ostindienfahrer Merklin von Windsheim, Wurflein und Saar aus Nürnberg, Martin Wintergerst von Memmingen und Hannsjörg Korb aus Neumarkt, ein Nacheiferer Herbersteins in der Kunde Rußlands, — Gräf Albert von Löwenstein, Pilger zum heil. Grabe mit einer großen Gesellschaft von Edlen, worunter Pappenheim, Khevenhüller, Ott, Notthaft, — der Franziskaner Ladislaus Mayer von Eggenfelden rc.

Von Monographien großer Begebenheiten, wichtiger Zeitabschnitte, einzelner Gegenstände, Communitäten oder Institute finden sich: — Heinrichs III. Feldzüge nach Ungarn 1042, 1043, 1044, 1051, 1052, — des letzten Arpaden, Andreas III. des Venezianers, Heerfahrt nach Oesterreich 1291, — Ungarns Macht und Reichthum im zwölften Jahrhundert, — Ungarn und das griechische Kaiserthum, — Ungarn und Italien, — die Jagellonen in Ungarn, — die Deutschen in der Zips, — Ungarns heilige Reichskrone, — der ungarische Prinzenraub, ein interessantes Gegenstück des sächsischen, — die große mongolische Fluth über Ungarn unter Bela IV. 1241, — der ungarische Gelehrtenverein 1828, — die Schlachtbank von Eperies 1687 und der große Bluttag auf dem Altstädter-Ringe Prags 1621, Fortsetzung des blutigen Landtags von 1547, — Wiens Erlösung aus der zweiten türkischen Belagerung 1683, — Ofens Wiedereroberung 1686, — die Schweden in Mähren, — Wien und Wienerisch Neustadt mit ihren alterthümlichen und malerischen Umgebungen. — Bilder aus der Neustadt, — Meinhard von Kärnthen, — Tyrol, — das berühmte Musäum Jankovich in Pesth, — Böhmens Volkszahl, — seine Elbeschiffahrt, — seine Sektirer und seine Wallfahrten, —

seine Leiden im dreißigjährigen und österreichischen Erbfolgekriege, zumal in und nach der Belagerung des französischen Heeres in Prag 1742, — die Gold- und Silbergruben des bambergischen Kärnthen, — mehrere aus Urquellen geschöpfte Bruchstücke: die Ampfinger Schlacht Ludwigs des Baiern und Friedrichs des Schönen 1322 und die Allinger Schlacht zwischen den Herzogen von München und den beiden Ludwigen von Ingolstadt 1422, — Baierns Gesandter Augustin Baumgärtner auf dem Concilium von Trient, als Vertheidiger der Priesterehe und des Abendmahles unter beiden Gestalten, — über Maxemanuels Vorhaben der Vermählung mit einer protestantischen Prinzessin, — die Sendlinger Mordweihnachten 1705, — der Russen alte Ansichten und Absichten hinsichtlich Deutschlands und noch späte Vereinigungsversuche der griechischen mit der römisch-lateinischen Kirche. — Die tyrolischen Kanzler, eine lange Reihe verdienstreicher Rechtsgelehrten und Publicisten rc., — die ausgewanderten Salzburger, — des Geschichtschreibers Brusch Ermordung rc.

Sagen und Legenden, Zeichen und Wunder bildeten im Archiv seit 1810, seit 35, in diesen Taschenbüchern seit 1820, seit 25 Jahren ein reiches Magazin für die Ballade und Romanze, ja selbst für die epische und dramatische Form, für die Historienmalerei und für die Plastik.

Aus Ungarns gottgeliebtem Boden erwuchsen für diese beliebteste stehende Rubrik: St. Georgs Felsensprung, der ungarische Ritter Toggenburg, des Andrässy Gottesurtheil, die sieben Thürme, — der Wundersturz zu Lietava, aus den mongolischen Schreckenstagen, — die Bluthalle von Lockenhaus aus der Vertilgung des Tempelordens, die Gründung von Zeben, der Brunnen der Liebenden zu Trentsin, das Schloß am Munde, der Margittafelsen in der Waag, der Mädchenbrunnen zu Pöstény, der Berggeist des weißen

Gebirges, die heldenmüthigen Helenen, Lorenz Nyàry, der Held von Szolnok, des Rustam Mustapha Pascha bedenkliche Audienz beim König Matthias im Sturm auf Wienerisch Neustadt, — die kleine Kröte, — das Windschloß, das Jungfernschloß zu Schemnitz, das Wunderkreuz im Baume, die Teufelsfurche, das Teufelsgemälde zu Preßburg, der abgehauene Fuß, das blutige Gastmahl, die gefährliche Wette, der Podmanine Bruderzwist, der eiserne Hahn zu Raab, Peter Szapàry, die Mauerblende zu Budethin, das Gastmahl zu Winna, — der steinerne Mann vor der Geisterburg Hriczo, der schwarze Mann zu Debreczin, — die Rache an dem blutigen Keretsényi, die Felskapelle an der Waag, des Vaters Fluch, das steinerne Geld, St. Helena, die Unversehrten, die Vergeltung, der Zmock in den Karpathen, die Entstehung des Blutstrauches, die Zwei und dreißig, die schmutzige Nemesis, die Uglerni, die Fußeisen auf der Repserburg 2c. 2c.

Aus dem Wunderlande Böhmen und aus seinen Nebenreichen sind: die halbe Lippe und der halbe Ring, der Fuhrmannsstein, des Teufels Pflug, das Gastmahl, Potho Plawensky, Wenzel Koranda, Gallus Plichta, der Schütze von Konopischt, die Jungfrau von Orleans und die Hussiten, — König Artus in Böhmen, die Wette mit dem Teufel, der Zwerg mit der rothen Mütze, der harte Jude, der steinharte Christ und der schöne Franz von Brünn, die Zigeuner, — die Krebse, — der Lautner und sein Hund, — Rabbi Jarchi und sein Grabmahl zu Prag, — der Smirziczkysche Nachlaß, — der Freischütz, die Schweden vor Brünn, die Zauberlampe, Prinz Olav der Schneider, der geleimte Teufel, der Löwe, Lirum Larum, der Schmied zu Mrakotin — der getreue Staar, der Meister und die neun Vögelein — der Stammichmann, die Burgfrau von Nowihrad und ihr Edelknecht, Czekanka, das Gnadenbild zu Wranau, die gläserne Kugel, Agnes von Zesyma, die mährischen Lindwürmer, der Thurm des Dalibor, der Markgraf Gerstenkorn, die Glasscheibe zu Sedletz, der Teufel als Küchenjunge, die Weitminer, die Gründung der Kirche St. Peter und Paul auf dem Zderatz, der Fall des Stammes Wrssowec, die Bergwunder, der Wunderbär, die Rache, der Schaffgotsche Wappenschild, der Ritt um den Kynast, die Nonnen zu Zawichost, das Zaubermesser, die goldene Feder, der Rebezahl, die Geister vor Saatz, die Hexenmühle, der ewige Jude, verschmähte Liebe, der Templer auf Rabenstein, die Mausfalle, der Bauernfürst, der Hirtenstein, der Schatzgräber, die Nixe, der böhmische Brutus, Zito und Macgill, der Strohmann zu Neu-Bidschow, der schöne Etibor, die Goldgrube, der Blinde und sein Führer, der Weerwolf, der Helfenstein, der Teufelsbrunnen, der Räuberhauptmann, der steinerne Esel, die Hütte im Thal, die freundlichen Brüder an der Betschwa, — und gar viele feindliche Brüder, die Riesen Haymo und Thyrsus, Ulrich und Gebhard von Trasp, die Brüder von Reichenburg, von Schlitters und von Rechberg, Hanns und Dietrich von Tschesch itz, die Kuenringer auf Rappotenstein, die Auersperge zu Burgstall, die Brüder von Schilleiten in der Steyermark und die feindlichen Schwestern von Zierotin, — das Salvatorbild zu Chrudim, Zeichen und Wunder am Grabe St. Johannes von Nepomuk, die Erscheinung zu S. Veit in Prag, die Bittschrift, das Städtchen Nepomuk, frei von der Pest, Ehrenrettung eines Dieners, die Kleiderwechslung, der Bildhauer aus Buße, Kuttenbergs Entdeckung, der Schleierhauptzug, die weiße Frau, die Wolfsgrube, — Kosmas von Prag und Bischof Jaromir, eine Prophetin des siebenzehnten Jahrhunderts. Tista von Wrssowetz, der Raubritter, das Wappen des Herrn von Pardubitz und Stara, Zizka von Raby, Dionys Borzeck von Miletin, Feldhauptmann der Hussiten, — das nächtliche Gericht, der Fleischhauer von Jungbunzlan, die Teufelsrast, der alte Johannes, des Rußworm Schmähwort wider St. Wenzel und seine Strafe, die Slooper Höhle, die Messe um Mitternacht. Aeneas Sylvius unter den Taboriten.

Aus den deutschen Landen Oesterreichs, überhaupt von deutschem Boden: — das Kloster Stams im Innthal, sein Klosterbruder Johann von Kempten und er Schatten Kaiser Ludwig des Baiern, — des Oswald Milser Hochmuth, sein Sturz beim Abendmahl zu Seefeld und seine Reue, — der Kaiser auf der Martinswand, — Chalons oder das Purerloch, — der Rosenbühel bei Unzmarkt, die Frau Hitt, die Sagen des Admontthales, der Lindwurm, der Löwe, die Elfen der Plöschalpe, die heilige Hemma und ihr Hofmeister, der Klosterbau, der Markgräfin Schleier, der Teufelsthurm und der schwarze Mönch, der Löwenkampf und das Siegeskloster, der Abt zu Seitenstetten, Siegmunds Herberg, wie Karl der Große geboren ward auf der Reismühle am Wurmsee, des Tempels Fall, das Haus Gisulfs (in Krauzlongobardischen Ueberlieferungen), die Büffelhaut, die Herzogin Romilda und ihre Töchter, der Heldenknabe Grimoald, die Bartschur, Grimoald und Illa, König Etzel und die Störche Aquilejas, — die Silberschnalle im Schild der Schmidburge, die Kreuzspinne, der Ring der Treue, die Mutter Conradins, — das bürgerliche Zeughaus in Wien, — die Schwanenritter, die Sagen vom Untersberg bei Salzburg, der alte Keller bei Salurn, das Zeitelmoos, Eppelin von Gailingen, — der Retter ohne Kopf, der Mord zu Biberbach (1529), — die Tataren an der Enns und Url (1683), — das Roßwunder am Sonntagsberg (1529), — der Halbmond und der Vollmond zu Merkenstein, — die Zigeuner in Nägy-Iba, — der Aachenthalersee, — die Bergmännlein, der Alraun, der

Todesbrunnen, die Lilie, die Wiege aus dem Bäumchen, die St. Leonhardskirche des heiligen Kaisers, der heiligen Kaiserin und des heiligen Vaters zu Rathfeld am Inn, Nothburga, der Stock am Eisen, der Eselritt zu Herrnals, Hexen und Geister zu Tauer, das wüthende Heer auf der Malser Halde, die unfreundlichen Brüder, — der Schatz auf Fragenstein, die Kindlein im Fernsteiner See, der Roßkamm im Kriege mit zwei Kurfürsten, doch vom Scharfrichter behert, die Kindlein in der Thur, — Wunderdoctoren, Weissagungen, Gespenster und Träume, — Waltmann von Sattelstedt, — der Habsburger Goldring und der Habsburger Satanas, wahre und falsche Propheten, Kaiserliche Späße und Spaßvögel.

An altnationalen Dichtungen liefern die Taschenbücher einen seltenen Schatz. Höchst merkwürdig ist das altungarische Lied von des Türkenkaisers schöner Tochter und den gefangenen Rittern Michael Szilagyi und Ladislaus Maimasi, die von ihr befreit wurden und sie entführten. — Auch unseres großen Anastasius krainerische und serbische Heldenlieder gehören hierher. — Michael Beheims Gedicht von den Wienern und der Belagerung des Kaisers in der Burg 1462, — das eine und andre Lied von der Böhmenschlacht ob Regensburg, — eines von der Belagerung Kufsteins und von dessen trotzigem Befehlshaber, dem Pienzenauer, aus dem landshutischen Erbfolgekrieg 1504, — der Landsknechte Lied über das Treffen bei Affalterbach, bei der Johannisfeier zwischen den Nürnbergern und dem Markgrafen Casimir, wie früher mit Albrecht Achilles beim Pillenreuther Fischzuge, — das Trauerlied der oberennsischen Bauern über des Pappenheim Siege bei Efferding, Gmünden, Vöklabruck, Wolfseck und bei dem noch heute so benannten Pappenheimer-Hölzl bei Pinsdorf, — der humoristische Volksdichter Hans der Hesellocher aus

Herzog Albrechts Tagen, — mehrere Volks- und Spottlieder aus den Tagen des Krieges der Fürsten und Städte, — ein anderes über die Allingerschlacht 1422, — über den Deggendorfer Judenmord 1337, — über den streitigen Anspruch zwischen Herzog Albrecht dem Weisen und Pfalzgrafen Rupert über die Erbschaft Georg des Reichen von Landshut, — über die Schlacht von Pavia und die Gefangennehmung des französischen Königs, — Waldsassens Zerstörung durch die Hussiten, — Lieder gegen Venedigs Hochmuth als Vorbote seines nahen Falles zur Zeit der Ligue von Cambray und der Racheplane Max I., — die Lieder von des bösen Fritze Kriegen und Siegen, — wie die Rothenburger 1439 Ingolstadt gebrochen, — vom jetzigen Uebelstand in der Weld, von Krieg, Theuerung und allerlei Uebel, — des Gründers der batavischen Freiheit, Wilhelms von Oranien Lied in der Noth, — Meistergesang auf Heinrich den Löwen, — die Serben in Donauwörth, — ein schöner Spruch von Herzog Albrecht und Herzog Ruprecht, — der türkische Botschafter zu Stams, — das Lied vom Abscheiden Kaiser Maximilians 1519, — das Lied von der Königinn Maria und von ihrem in der Mohätserschlacht umgekommenen Gemahl König Ludwig 1526, — das Schlachtlied von der Soltauerheide 1519 und das von Sievershausen 1553, — das neue Lied von den zwei Schlachten Heinrichs von Braunschweig wider Albrecht von Brandenburg, — die zwar schon bekannten Lieder von der Schweitzer- und Tyroler-Schlachten von Näfels, von Sempach, auf der Malserhaide, — ein Lied von Julius von Braunschweig, — von der großen Niederlage vor der Stadt Terwan, über das plötzliche Hinscheiden König Ladislav Posthumus, — der Fürstlichen Grafschaft Tyrol Lanndtreim, — Reimchronik, das Stift Zwettl und das Geschlecht der Kühnringe betreffend, — Ein Schönes Newes

Lied von Carolo dem Fünfften, — Eines Ernholts zu der zeit Khayser Sigmunden umb das Jahr Christi 1424 Reimb, darin er den maisten taill bayrisch Rittermessig Adls auf beger Herr Casper Schlickhens kayserlichen Canntzlers verzählt (Johannes Holland) ꝛc.

Zwanzig Jahre lang (1807—1827) sammelte der Freiherr von Hormayr unablässig an dem damals vermeinten Werke seines Lebens: „Max I. und Carl V. ihre Helden und ihre Zeit.“ — Die davon in den vaterländischen Blättern und in seinem Archiv bekannt gemachten Bruchstücke haben Rankes, Raumers, des Ritters von Lang ꝛc. Aufmerksamkeit und Anerkennung auf sich gezogen. — Die Hormayrn von Kindheit an vertraute, bei den Preßburger Friedensverhandlungen von ihm (mit Ausnahme der als Trophäen nach Paris entführten französischen Königs- und Heldenrüstungen) für Oesterreich gerettete Ambrasser-Sammlung, deren schon im neunzehnten Jahre seinem verdienten Vater folgende Custos Aloys Primisser sich eben so frühe Hormayrn anschloß, bildete gleichfalls eine stehende Rubrik der Taschenbücher. Der Weiskhunig, dem Geheimschreiber Treitzsauerwein dictirt, der Theuerdank vom Nürnberger Probsten zu St. Sebald, Melchior Pfinzing, sind bekannt. Hier machte Primisser im Taschenbuche von 1820 ein drittes Werk dieser romantischen Selbstbiographien bekannt, Freudals Turnierbuch. In diesem wurden vom Kaiser selbst seine gegen hundert vier und zwanzig Fürsten und Ritter bestandenen Turnierkämpfe, mit den Hoffesten, Bällen und Mummereyen, abgebildet und beschrieben; die Namen der Ritter, gegen welche und der Damen, vor welchen er kämpfte, sind gleichfalls aufgezeichnet, zum großen Gewinn für die Geschichte der Künste und der Sitten jener Zeit, durch die herrlichsten Bilder erläutert. — In spätern Jahrgängen giebt Primisser höchst verdienstliche Aufschlüsse und Fragmente aus Max I. herrlicher Sammlung altdeutscher Gedichte, namentlich der Gudrun, des Ereck und Iwain, mit schönen Hinweisungen auf die frühe Blüthe der Dichtkunst in Oesterreich unter den unerreichten Babenbergern und noch späteren in einer Zeit, wo sie bereits allüberall der Ausartung anheimgefallen war. Das Wichtigste sind die Mittheilungen mehrerer Memorienbücher des Kaisers, aus denen Hormayr bereits mehrere im österreichischen Plutarch, in den vaterländischen Blättern und in seinem Archiv, als unschätzbare Schriftdenkmale des vielseitigsten und üppigsten, wenn schon weniger zum Herrschen als zur Ritterschaft geborenen Genius veröffentlicht hat. — Die Rubriken sind von hoher Wichtigkeit, Causa Regis per se, Hauswirthschaft, Krieg, Artlarey, Finanz, Gepeu, Chronik, Waydnerey, Jägerey.

Eine der wichtigsten Zeitfragen, das Communal- und Städtewesen, (das erst den jüngsten ungarischen Reichstag so sehr beschäftigte) fand in den Taschenbüchern die reichhaltigsten Beiträge, die gediegensten Vorarbeiten. Insbesondere ein Meisterstück dieser Art ist im Jahrgang 1832 des damaligen Palffyschen Archivars und Fiskals Albrecht aus tausend urkundlichen, gesetzlichen und Chronikquellen musivisch zusammengefügte Aufsatz: über das Municipalwesen Ungarn, S. 153—302. — Iglau, die alte Berg- und Judenstadt, erhält wichtige Ergänzungen zu dem böhmisch-mährischen Bergwesen Leithners und anderer und zu den juribus primaevis Moraviae der gelehrten Benedictinern von Raygern. — Das Treiben in Augsburg und Nürnberg in der Zeit des Glanzes dieser einst so herrlichen Städte findet hier bilderreiche lebendige Ergänzung. — In mehr als dreißig auserlesenen Urkunden wird der große Ottokar als Städtebauer und Colonisateur gezeigt, der das Slaventhum gerne mit Deutschthum umgürtete, — die Pancharta Kaiser Rudolphs II. für Wels oder die Bestätigung ihrer sämmtlichen Freiheiten, zu den ältesten auf deutscher Erde gehörend, von jener des mächtigen Grundherrn, des Würzburger Bischofs Embriko von 1127, bis zu jener Max I., der zu Wels starb von 1493 und Max II. von 1564.

Auch der deutsche Nordwest blieb keineswegs unbeachtet, — Braunschweig, Hildesheim, Hannover und die einstigen Fürstinnen der alten Hanse, Lübeck, Bremen und Hamburg gehen nicht leer aus. — Die Biographie des großen Rechtsgelehrten und Publicisten, Staatsrathes von Maurer in München (1842 S. 432—462) gab den Anlaß zu höchst lehrreichen Blicken und Betrachtungen über das deutsche Städtewesen, über die Autonomie, innere Oekonomie und äußere Vertretung dieser Körperschaften, von den römischen Municipien und Colonien, bis zu Germaniens kaiserlich freien oder landsässigen oder Bischofsstädten. — Vorzugsweise werden österreichische Städte quellengemäß erörtert, Botzen, Brixen, Innsbruck, Enns, Freistadt, Haimburg mit Petronell und Altenburg, Judenburg und Neuburg, Korneuburg und Herzogen-Neuburg oder Neuburg-Klosterhal, Klosterneuburg, Aspang, S. Pölten, Steyer, Zeiselmauer, Zwettel, Nikolsburg rc., endlich die jüngste der österreichischen Städte, die nichts von den Römern hat, nichts von Carl dem Großen, nichts aus den Kreuzzügen, doch vielleicht die merkwürdigste von Allen, Wienerisch Neustadt, — Baden, Stein, Tuln, Krems, Horn, Aspach, Aspern, Hünberg, Möbling, — das ob der Enns herrschende Linz, Bruck an der Muhr, Velnbach, Ruppersdorf, endlich die Haupt- und Residenzstadt Wien, in ihren tausendfältigen Verzweigungen, in ihrem überreichen Wechselverhältniß zu Böhmen und zum Norden, dann zu Ungarn, dessen arpadische Könige, wetteifernd mit den Kreuzzügen, durch den Donauverkehr hier ein überreiches Leben verbreiteten, das leider seit dem Eindringen jener kaukasischen Räuberhorde der Türken immer tiefer sank, seit 1362 Murad Adrianopel, 1453 Muhammed II. Constantinopel gewonnen hatte und die Zersplitterung und schlechte Führung der Streitkräfte Ungarns auf dem serbischen Amselfelde Kossowo 1389, bei Nikopolis 1396 und bei Varna 1444 den Ungläubigen augenblicklich ein so furchtbares Uebergewicht vergönnte, das im Verderben von Mohäts auf mehr als anderthalb wilde Jahrhunderte eine grauenhafte Vollendung erhielt, (1688 —1526).

Nicht nur zu flüchtiger Unterhaltung und wahrer Erheiterung, sondern auch zu vielseitiger Belehrung, mag die reiche Rubrik dienen, die in den humoristischen Charakterzügen von Sitten und Gebräuchen, Festen, Luxus und Handel der Vorzeit sich bietet, darunter der Graf von Habemarsberg, der alte Sonderling Hanns von Trautskirchen, Thesarus von Frauenhofen und Hanns von Frauenhofen, Frangipanis Abschied von Frankenthal, der Letzte des fränkischen Rittergeschlechts von Ehrenberg, des Helden Niklas Palffy Goldbecher, — die Folter in Baiern noch Anfangs des 18ten Jahrhunderts, die französischen Mordbrenner zu Prag. — Hexen und Zauberer selbst unter hohen Standes- und Fürstenpersonen, — Bevölkerungsrecepte nach langen Kriegsdrangsalen Georgs Popp von Amberg, ein ungebetener geistlicher Supplent in weltlichen Dingen, der Scharfrichter Meister Franz von Nürnberg, der Bürgermeister von Ansbach als Raubwolf, Kaiser Max, die Nürnberger Frauen und die Nürnberger Stürze, — über die Pulvererfindung, — Hans Dollinger, — der heilige Vater Wilhelm von Sandizell, die Jagdwüthriche, die mährischen Sonderlinge, die Achensche Wallfahrt, der englische Schweiß, die Untrüglichkeit der Gottesgerichte, — Ideal-

und Heirathsschein eines süddeutschen Prälaten, der gute Johonnes Oldekopp von Hildesheim und Dr. Martin Luther, Carl V., der Schmalkaldische Bund und der große Donaukarpfen, der Uebertritt der schwedischen Katharina zur römischen Kirche, die Schlacht der Mägde, — Rebellions-Abbitten und Abzeichen, des Marschalls Katzianers Tod. Carl V. als altes Weib verkleidet auf der Flucht, — Gänse Pfauen und Nachteulen als Städtretter, Heinrich von Landshut und die bairischen Juden, — Bremer Tapferkeit, die Häuptlinge Frieslands, die deutschen Condottieri und der Herzog Werner von Urslingen, der Tanzbär, — der schönen Müllerin Rache, — Gespenster und Träume, — Jesuitenwirren, die heiligen Thiere und die verfluchten Thiere, Kutschen-Anathem, Bannfluch gegen die Sperlinge und noch unzählige, treffender als irgend Anderes den Geist ihrer Zeit, die Sitten, die Meinung und Stimmung nicht nur andeutende, sondern mit den lebendigsten Farben ausmahlende Züge.

Dem Quellenforscher biethet sich ein reicher Kranz bisher ganz unbekannter oder nur in wenigen, häufig vom Partheigeist leidenschaftlich verfolgten, gleichzeitigen Exemplaren in langverschlossenen Archiven bewahrten Actenstücke und Staatsschriften, aus den Schreckenstagen der türkischen Eroberung Ungarns, beider Belagerungen Wiens, der Wiedereroberung des herrlichen Magyarenreiches, unwiderruflich bekräftiget durch Eugens Heldenschwert bei Zentha und mit der Feder, im Carlowitzer Frieden, — des Rakoczyschen Bürgerkrieges und der Tyrnauer Vermittlungsconferenzen Großbritanniens und Hollands zwischen Leopold und den Malcontenten, — der Gegenreformation Rudolphs II und Ferdinands, — über die Conföderationen der bedrückten Stände, über den Prager Fenstersturz, über den Aufstand der Böhmen und die Wahl des Pfalzgrafen Friedrich als Gegenkönig, — über des Grafen Thurn Erscheinen vor der

Wienerburg zur Vereinigung mit den Ungarn, Siebenbürgern und Tataren des von Preßburg heranfrückenden Gegenkönigs Gabriel Bethlen, — der Züge Boucquoys, Dampierres und des Mannsfelds, — Protestation an den Erzherzog Albrecht in Brüssel, an Matthias als rechten natürlichen Erbfolger gegen Ferdinand, — über das fürchterliche Wüthen der Spanier, Wallonen und der Kosacken als polnischer Hilfsvölker, — die calvinistische Verwüstung im Prager Dom, — Deductionen und Zeitartikel aus dem Spanischen, aus dem österreichischen Erbfolgekriege, — insonderheit das völlig verschollene Memoire der böhmischen Exulanten von Kaiser Carls VII. Parthei, an den Aachnercongreß wegen Verletzung der Prager Capitulation, was zur Verwunderung zeigt, wie groß der Anhang Carl Albrechts von Baiern unter den Magnaten des Adels und Klerus und der Glauben an sein gutes Erbrecht, kraft des ferdinandeischen Testaments, gewesen ist, und wie kurzweg die zwischen dem französischen General und Commandanten Chevert (als der Marschall Belleisle seinen Xenophontischen Rückzug trotz Hunger und Eiswüste durchgesetzt hatte) und dem Fürsten Lobkowitz abgeschlossene Capitulation und Universal-Amnestie umgestoßen ward, viel schlimmer als die Wellingtonsche Capitulation von Paris, — viele Documente aus dem Tyrolerkriege von 1809 ꝛc.

Möge es erlaubt sein, am Schluß dieser gedrängten Uebersicht die schöne Hoffnung zu erfrischen und zu bekräftigen, daß der vaterländische Sinn, den dieses Taschenbuch seit einer so langen Reihe von Jahren zu entfalten, zu entglühen redlich gestrebt hat, es niemals in Altersschwäche, welche schlimmer als gänzliches Verscheiden ist, herabsinken lasse. — Bleibe es noch ferner gewürdiget, zur Verdrängung tauber, optimistischer und doctrinärer Seifenblasen, zur Verdrängung vieles Frivolen sein Scherflein beizutragen.

Möge ihm der Anklang bewahrt sein, den es längst bei edeln Frauen, auch bei der Jugend, auch im Volk, auch in so manchen Campeadors der bildenden und der redenden Kunst gefunden hat. Bleibe ja die dem Herausgeber und Verfasser geschenkte Theilnahme so vieler edeln Männer von Hermannstadt und Kaschau, bis an den Neckar, Bodensee und an den Rhein, von Lübeck und Bremen bis in das bairische und tyrolische Hochgebirg, dann wird nur das Ende seines Lebens, zugleich das Ende dieses volksthümlich und vaterländisch begonnenen und unermüdet, unverdrossen, ungebeugt hindurchgeführten Unternehmens sein! —